标准编号 CEIAEC 002-2018

建筑信息模型(BIM)应用工程师专业技术技能人才培训标准

2018-3-14 发布   2018-3-14 实施

工业和信息化部教育与考试中心 编

图书在版编目（CIP）数据

建筑信息模型（BIM）应用工程师专业技术技能人才培训标准/工业和信息化部教育与考试中心编. —北京：机械工业出版社，2019.3（2019.7重印）
ISBN 978-7-111-62208-6

Ⅰ.①建… Ⅱ.①工… Ⅲ.①建筑设计-计算机辅助设计-应用软件-技术培训-教材 Ⅳ.①TU201.4

中国版本图书馆CIP数据核字（2019）第044360号

机械工业出版社（北京市百万庄大街22号 邮政编码100037）
| 策划编辑：李 莉 | 责任编辑：李 莉 陈紫青 |
| 责任校对：李 杉 陈 越 | 封面设计：鞠 杨 |

责任印制：孙 炜
天津嘉恒印务有限公司印刷
2019年7月第1版·第2次印刷
130mm×184mm·2印张·39千字
2 501－3 500册
标准书号：ISBN 978-7-111-62208-6
定价：15.00元

凡购本书，如有缺页、倒页、脱页，由本社发行部调换

电话服务　　　　　　　　　　网络服务
服务咨询热线：010-88361066　　机 工 官 网：www.cmpbook.com
　　　　　　　　　　　　　　　 机 工 官 博：weibo.com/cmp1952
读者购书热线：010-68326294　　金 书 网：www.golden-book.com
　　　　　　　　　　　　　　　 教育服务网：www.cmpedu.com
封面无防伪标均为盗版

说　明

为了进一步完善行业技术技能专业标准体系，为专业技术技能人才教育和培训提供科学、规范的依据，工业和信息化部教育与考试中心依据当前建筑行业信息化发展的实际情况，组织有关专家，进行了《建筑信息模型（BIM）应用工程师专业技术技能人才培训标准》（以下简称《标准》）的编写制定。

一、本《标准》以客观反映现阶段行业的水平和对从业人员的要求为目标，在考虑经济发展、科技进步和产业结构变化对本专业影响的基础上，对本专业的活动范围、工作内容、技能要求和知识水平都作了明确规定。

二、本《标准》的制定遵循了有关技术规程的要求，保证了标准体例的规范化。

三、本《标准》包括专业概况、基本要求、工作要求和比重表四个方面的内容。本《标准》将专业技能等级分为三级。

四、本《标准》在工业和信息化部教育与考试中心的指导下，由工业和信息化部教育与考试中心委托广州益埃毕建筑科技有限公司组织编写，在编写过程中得到了上海交通大学、浙江大学、三峡大学、残友集团、广西七三科技有限公司、杭州金阁建筑设计咨询有限公司、成都孺子牛工程项目管理有限公司、上海残友建筑科技有限公司、云南筑模科技有限公司、深圳世拓建筑科技有限公司、上海益埃毕建筑科技有限公司、广东技术师范大学等单位的大力支持。参加编审工作的主要人员有：杜志海、咸汝平、罗先启、王杰、王大鹏、杨新新、廖益林、顾靖、王效磊、王旭良、黄晓冬、黄镭、成月、张吕伟、向敏、丁东山、李腾、杨明、苗万龙、肖世鹏、戴辉、余学海、吕晓锋、耿旭光、王金城、笪贤彬、陈哲红、尤兵、金晓丹、刘俊、苏章、谢晓庆、王静、闫文凯、曾志明、侯佳伟、邓志明、谷涛涛、骆文杰、杜宾、唐小卫、符明杰、田阳、金永超、刘杨、郑开峰、余江平、宋丽、孙伟、韩吉锋、卢永茂、杨君华、任姿蓉、陈勇、刘中明、刘健威、王守钱、刘火生、李淼、郭鹏、巩俊贤、张大镇、张先勇、李丽。在此向有关单位和专家表示感谢。

五、本《标准》经过工业和信息化部教育与考试中心批准，自 2018 年 3 月 14 日起施行。

目 录

说明

1 专业概况 ·· 1
  1.1 专业编码 ·· 1
  1.2 专业名称 ·· 1
  1.3 专业定义 ·· 1
  1.4 专业技能等级 ·· 1
  1.5 专业环境条件 ·· 2
  1.6 专业能力倾向 ·· 2
  1.7 普通受教育程度 ·· 2
  1.8 专业培训要求 ·· 2
  1.9 专业技能考核要求 ··· 3

2 基本要求 ·· 7
  2.1 专业道德 ·· 7
  2.2 基础知识 ·· 7

3 工作要求 ·· 9
  3.1 初级 ·· 9
  3.2 中级 ··· 10
  3.3 高级 ··· 39

4 比重表 ··· 46
  4.1 理论知识 ··· 46
  4.2 专业技术技能操作 ·· 53

1 专业概况

1.1 专业编码

PTS144010601-01。

1.2 专业名称

建筑信息模型（BIM）应用工程师。

1.3 专业定义

建筑信息模型（BIM）应用工程师是利用以 BIM 技术为核心的信息化技术，在项目的规划、勘察、设计、施工、运营维护、改造和拆除等阶段，完成对工程物理特征和功能特性信息的数字化承载、可视化表达和信息化管控等工作的现场作业及管理岗位的统称。

1.4 专业技能等级

本专业共设三个等级，分别为：初级、中级、高级。

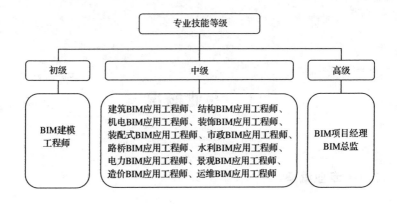

1.5 专业环境条件

室内或室外，常温。

1.6 专业能力倾向

具有一定的组织、理解、判断能力；具有较强的学习、沟通、分析、管理、解决问题的能力；具有利用基于BIM技术的建设工程大数据分析、判断、管理的能力。

1.7 普通受教育程度

具有中专及以上文化程度（或同等学历）。

1.8 专业培训要求

1.8.1 晋级培训期限

初级技能不少于48标准课时；中级技能不少于64标准学时；高级技能不少于32标准学时。

1.8.2 培训教师

初级技能人员培训教师应具有本专业初级或以上教师资格证书;中级技能人员培训教师应具有本专业中级或以上教师资格证书;高级技能人员培训教师应具有本专业高级教师资格证书。

1.8.3 培训场所设备

理论知识培训:应有可容纳30人以上的教室,并配有满足教学需要的网络环境和学习设备。

操作技能培训:应有可容纳30人以上的教室,并配有满足教学需要的软件系统、网络环境和学习设备。

1.9 专业技能考核要求

1.9.1 申报条件

1. 基本条件

(1) 中华人民共和国公民,遵守国家法律、法规,恪守职业道德。

(2) 所学专业为土木类、工程经济类、财经类、电子信息类、管理科学与工程类、计算机类、水利类等专业。

2. 初级技能申报条件

凡参加初级BIM专业技术技能考试的人员,除符合上述基本条件外,还需具备下列条件之一。

(1) 在校大中专学生已经选修过建筑信息模型(BIM)

相关理论知识和操作能力课程的。

(2) 中专及以上学历,从事工程项目设计、施工与管理的人员已经掌握建筑信息模型(BIM)相关理论知识和操作能力的。

(3) 中专及以上学历,社会相关从业人员通过自学或参加建筑信息模型(BIM)理论与实践相结合的系统学习,达到同等技能水平的。

3. 中级技能申报条件

大专及以上学历,满足基本条件,还需具备下列条件之一。

(1) 建筑BIM应用工程师:从事建筑工程工作满2年。

(2) 结构BIM应用工程师:从事结构工程工作满2年。

(3) 机电BIM应用工程师:从事给水排水、暖通、电气工作满2年。

(4) 装饰BIM应用工程师:从事装饰工作满2年。

(5) 装配式BIM应用工程师:从事装配式建筑工作满2年。

(6) 市政BIM应用工程师:从事市政工作满2年。

(7) 路桥BIM应用工程师:从事路桥工作满2年。

(8) 水利BIM应用工程师:从事水利工作满2年。

(9) 电力BIM应用工程师:从事电力工作满2年。

(10) 景观BIM应用工程师:从事景观工作满2年。

(11) 造价BIM应用工程师:从事造价工作满2年。

(12) 运维BIM应用工程师:从事信息化物业管理工作满2年。

4. 高级技能申报条件

本科及以上学历，满足基本条件，还需具备下列条件之一。

（1）BIM项目经理：从事建筑工程相关工作满5年，从事建筑信息模型（BIM）相关工作满3年。

（2）BIM总监：从事建筑工程相关工作满5年，从事建筑信息模型（BIM）相关工作满3年。

上述报考条件中，有关学历的要求是指经国家教育行政主管部门承认的正规学历，工作年限是指取得规定学历前后从事该项工作的时间总和，其截止日期为考试报名当年年底。

1.9.2 考核方式

初级技能、中级技能的考核方式为理论知识考试和操作技能考试，采取机考（计算机在线考试系统），其中操作技能考试需上机操作BIM软件。理论知识考试100分，权重20%；操作技能考试100分，权重80%，合计100分，合计总成绩达到60分及以上者为合格。高级技能的考核方式为理论知识考试和论文考试，采取机考，合计100分，总成绩达到60分及以上者为合格。

1.9.3 考评人员与考生配比

理论知识考试、操作技能考试的考评人员与考生配比为1:20，每个标准教室的考评人员不少于2名。

1.9.4 考核时间

各级别的考核时间均为 180 分钟。

1.9.5 考核场所设备

理论知识考试和操作技能考试均在计算机教室进行,教室需配置 BIM 软件及网络、监控设备等。

2 基本要求

2.1 专业道德

(1) 诚实守信,遵纪守法。

(2) 爱岗敬业,恪尽职守。

(3) 勤奋进取,积极创新。

(4) 团结协作,文明和谐。

(5) 讲求信誉,安全生产。

2.2 基础知识

2.2.1 专业基础知识

(1) 基本识图绘图知识,主要内容包括总则、术语、图纸幅面规格与图纸编排顺序、线型、字体、比例、符号等。

(2) 建筑工程行业专业基础知识,主要包括建筑、结构、暖通、电气、给水排水、风景园林等专业,以及路桥、装饰、造价、装配式、水利、电力、市政和运维等细分领域专业基础知识。

2.2.2 建筑信息模型(BIM)的基础理论知识

(1) 建筑信息模型(BIM)的起源和定义、BIM软件应用分类、BIM 技术应用流程。

（2）建筑信息模型（BIM）的特点、优势和价值。

（3）建筑信息模型（BIM）的行业发展趋势和国家政策导向。

2.2.3　相关法律知识

(1)《中华人民共和国建筑法》的相关知识。

(2)《中华人民共和国招投标法》的相关知识。

(3)《中华人民共和国合同法》的相关知识。

(4)《中华人民共和国劳动法》的相关知识。

(5)《建筑信息模型应用统一标准》（GB/T 51212—2016）。

(6)《建筑信息模型分类和编码标准》（GB/T 51269—2017）。

(7)《建筑信息模型施工应用标准》（GB/T 51235—2017）。

(8)《建筑工程设计信息模型制图标准（征求意见稿)》。

3 工作要求

本标准对初级、中级、高级各级别的技能要求依次递进，对高级别的要求涵盖对低级别的要求。

3.1 初级

专业功能	工作内容	技能要求	相关知识要求
一、BIM模型搭建和维护	（一）BIM环境选择和执行	1. 能依据项目要求选择合适的模型工作环境 2. 能在选定的模型工作环境中按照模型规则进行建模	1. 基本建筑识图 2. 软件基本功能 3. 项目BIM技术标准
	（二）建筑专业（房建）LOD 200级模型搭建	1. 能利用BIM软件搭建建筑专业的主要图元构件，精度达到LOD 200级 2. 能参与完善房建专业的构件库建设并对有特殊情况要求的图元或构件进行定制化建模	1. 国家BIM标准要点 2. 行业BIM标准要点 3. 企业BIM标准要点 4. 项目BIM标准要点 5. 建筑专业BIM技术标准要点

(续)

专业功能	工作内容	技能要求	相关知识要求
一、BIM模型搭建和维护	（三）建筑专业（房建）LOD 200级构件更新维护	1. 能依据实际数据对图元属性进行参数化修改 2. 能依据相关专业意见对模型进行调整 3. 能配合项目其他相关需求对模型实时更新完善	1. 参数化定制技巧 2. 建筑专业知识
二、BIM技术应用实施	BIM技术基础应用	1. 能使用BIM软件开展实物量统计 2. 能使用BIM软件制定方案，绘制扩初阶段图纸 3. 能使用BIM软件的可视化功能展示项目成果 4. 能使用BIM软件开展专业间碰撞检查	软件的基本应用功能

3.2 中级

3.2.1 中级：建筑BIM应用工程师

专业功能	工作内容	技能要求	相关知识要求
一、BIM模型搭建和维护	（一）BIM环境定制	1. 能按照项目要求定制建筑专业的模型工作环境 2. 能按照项目要求定制建筑专业的相关建模规则	1. BIM软件分类 2. BIM项目技术标准 3. BIM建筑专业技术标准

（续）

专业功能	工作内容	技能要求	相关知识要求
一、BIM模型搭建和维护	（二）建筑专业（房建）LOD 400级模型搭建	1. 能利用BIM软件搭建建筑专业的主要图元构件，精度达到LOD 400级 2. 能完善建筑（房建）构件库，并对有特殊要求的图元或构件进行定制化建模	1. 国家BIM标准要点 2. 行业BIM标准要点 3. 企业BIM标准要点 4. 项目BIM标准要点 5. 建筑专业BIM技术标准要点
	（三）建筑专业（房建）LOD 400级构件更新维护	1. 能依据实际数据对图元属性进行参数化修改 2. 能依据建筑专业意见对模型进行调整 3. 能配合项目其他专业需求及时更新完善模型	1. 参数化定制技巧 2. 建筑专业知识 3. 项目协作沟通能力
二、BIM技术应用实施	（一）设计BIM应用	1. 能在规划设计阶段构建建筑周边环境的专业模型要素，为后期设计提供参考 2. 能在方案阶段运用参数化技巧搭建参数化模型，并展示方案效果 3. 能在施工图阶段运用BIM技术对建筑与其他专业的综合问题进行深化、优化 4. 能依据要求运用BIM技术对工程量进行预估，供施工图预算参考	建筑专业的设计BIM应用要点

(续)

专业功能	工作内容	技能要求	相关知识要求
二、BIM技术应用实施	（二）施工BIM应用	1. 能运用可视化技术完成项目招投标方案展示工作 2. 能运用BIM技术完成施工场地布置仿真模拟 3. 能运用BIM软件对建筑专业与其他专业的碰撞问题进行检测，并及时纠偏 4. 能运用BIM软件模拟施工方案和施工工艺，为关键节点工序提供可行性分析及专家论证依据 5. 能依据项目要求对项目进度计划进行可视化模拟，完成现场进度检查分析 6. 能运用BIM技术完成工程量分析，对比计划用量与实际用量，分析管理问题和原因 7. 能运用BIM技术完成工程质量管控工作 8. 能运用BIM技术完成施工安全管控工作 9. 能运用BIM技术完成施工资料管理工作	建筑专业的施工BIM应用要点

3.2.2 中级：结构 BIM 应用工程师

专业功能	工作内容	技能要求	相关知识要求
一、BIM 模型搭建和维护	（一）BIM 环境定制	1. 能按照项目要求定制结构专业的模型工作环境 2. 能按照项目要求定制结构专业的相关建模规则	1. BIM 软件分类 2. BIM 项目技术标准 3. 结构专业 BIM 技术标准
	（二）结构专业（房建）LOD 400 级模型搭建	1. 能利用 BIM 软件搭建结构专业的主要图元构件，精度达到 LOD 400 级 2. 能完善本专业构件库，并对有特殊要求的图元或构件进行定制化建模	1. 国家 BIM 标准要点 2. 行业 BIM 标准要点 3. 企业 BIM 标准要点 4. 项目 BIM 标准要点 5. 结构专业 BIM 技术标准要点
	（三）结构专业（房建）LOD 400 级构件更新维护	1. 能依据实际数据对图元属性进行参数化修改 2. 能依据结构专业意见对模型进行调整 3. 能配合项目其他专业需求及时更新完善模型	1. 参数化定制技巧 2. 结构专业知识 3. 项目协作沟通能力
二、BIM 技术应用实施	（一）设计 BIM 应用	1. 能在方案阶段运用参数化技巧完成结构设计 2. 能在结构计算阶段运用 BIM 技术对数据的可靠性和合理性进行分析 3. 能在结构施工图设计阶段依据要求运用 BIM 可视化技术表达设计成果	结构专业的设计 BIM 应用要点

（续）

专业功能	工作内容	技能要求	相关知识要求
二、BIM技术应用实施	（二）施工BIM应用	1. 能运用可视化技术完成项目招投标方案展示工作 2. 能运用BIM软件对结构专业与其他专业的碰撞问题进行检测，并及时纠偏 3. 能运用BIM软件模拟施工方案和施工工艺 4. 能依据项目要求对项目进度计划进行可视化模拟 5. 能运用BIM技术开展工程量分析，对比计划用量与实际用量，分析管理问题和原因 6. 能运用BIM技术完成施工质量管控工作 7. 能运用BIM技术完成施工资料管理工作	结构专业的施工BIM应用要点

3.2.3 中级：机电BIM应用工程师

专业功能	工作内容	技能要求	相关知识要求
一、BIM模型搭建和维护	（一）BIM环境定制	1. 能按照项目要求定制机电专业的模型工作环境 2. 能按照项目要求定制机电专业的相关建模规则	1. BIM软件分类 2. BIM项目技术标准 3. 机电各专业BIM技术标准

3 工作要求

(续)

专业功能	工作内容	技能要求	相关知识要求
一、BIM模型搭建和维护	(二) 机电专业(房建)LOD 400级模型搭建	1. 能利用BIM软件搭建给水排水、暖通、电气专业的主要图元构件,精度达到LOD 400级 2. 能完善机电专业构件库,并对有特殊要求的图元或构件进行定制化建模	1. 国家BIM标准要点 2. 行业BIM标准要点 3. 企业BIM标准要点 4. 项目BIM标准要点 5. 机电各专业BIM技术标准要点
	(三) 机电专业(房建)LOD 400级构件更新维护	1. 能依据实际数据对图元属性进行参数化修改 2. 能依据机电各专业意见对模型进行调整 3. 能配合项目其他专业需求及时更新完善模型	1. 参数化定制技巧 2. 机电各专业知识 3. 项目协作沟通能力
二、BIM技术应用实施	(一) 设计BIM应用	1. 能在方案阶段运用BIM技术展示设计方案比选 2. 能在初步设计阶段运用BIM技术完成机电主要设备排布定位和负荷计算 3. 能在施工图阶段运用BIM技术对机电与其他专业间的综合问题进行深化、优化 4. 能依据要求运用BIM技术对工程量进行预估,供施工图预算参考 5. 能依据要求运用BIM技术实现模型出图,辅助项目成果表达	机电专业的设计BIM应用要点

15

(续)

专业功能	工作内容	技能要求	相关知识要求
二、BIM技术应用实施	(二)施工BIM应用	1. 能运用可视化技术完成项目招投标方案展示工作 2. 能运用BIM技术配合现场施工,进行预留、预埋、预制仿真模拟 3. 能运用BIM软件对机电专业与其他专业的碰撞问题进行检测,并及时纠偏 4. 能运用BIM软件模拟施工方案和施工工艺,为关键节点工序提供可行性分析及专家论证依据 5. 能依据项目要求对项目进度计划进行可视化模拟,完成现场进度检查分析工作 6. 能运用BIM技术完成工程量分析,对比计划用量与实际用量,分析管理问题和原因 7. 能运用BIM技术完成施工质量管控工作 8. 能运用BIM技术完成施工资料管理工作	机电专业的施工BIM应用要点

3.2.4 中级：装饰 BIM 应用工程师

专业功能	工作内容	技能要求	相关知识要求
一、BIM 模型搭建和维护	（一）BIM 环境定制	1. 能按照项目要求定制装饰工程的模型工作环境 2. 能按照项目要求定制装饰工程的相关建模规则	1. BIM 软件分类 2. BIM 项目技术标准 3. 装饰工程 BIM 技术标准
	（二）装饰工程 LOD 400 级模型搭建	1. 能利用 BIM 软件搭建装饰装修工程的外装饰和内装饰的主要图元构件，精度达到 LOD 400 级 2. 能完善装饰构件库，并对有特殊要求的图元或构件进行定制化建模	1. 国家 BIM 标准要点 2. 行业 BIM 标准要点 3. 企业 BIM 标准要点 4. 项目 BIM 标准要点 5. 装饰工程 BIM 技术标准要点
	（三）装饰工程 LOD 400 级构件更新维护	1. 能依据实际数据对图元属性进行参数化修改 2. 能依据装饰专业的意见对模型进行调整 3. 能配合项目其他专业需求及时更新完善模型	1. 参数化定制技巧 2. 装饰装修专业知识 3. 项目协作沟通能力
二、BIM 技术应用实施	（一）设计 BIM 应用	1. 能在前期设计阶段采集周边环境的模型数据，为后期提供参考 2. 能在方案阶段运用 BIM 软件搭建参数化模型，优化方案 3. 能在方案扩初阶段运用 BIM 技术对装饰构件要素进行二维、三维的直观表达	装饰装修的设计 BIM 应用要点

（续）

专业功能	工作内容	技能要求	相关知识要求
二、BIM技术应用实施	（一）设计BIM应用	4. 能在施工图阶段运用BIM技术对装饰与其他专业进行综合、深化、优化 5. 能依据要求运用BIM技术对工程量进行预估，供施工图预算参考	装饰装修的设计BIM应用要点
	（二）施工BIM应用	1. 能运用BIM技术完成项目招投标方案展示工作 2. 能运用BIM软件对装饰专业与其他专业的碰撞问题进行检测，并及时纠偏 3. 能运用BIM软件模拟施工方案和施工工艺，为关键节点工序提供可行性分析依据 4. 能运用BIM技术配合现场施工，进行项目现场预留、预埋、预制仿真模拟 5. 能依据项目要求对项目进度计划进行可视化模拟 6. 能运用BIM技术完成工程量分析，对比计划用量与实际用量，分析管理问题和原因 7. 能运用BIM技术完成施工质量管控工作 8. 能运用BIM技术完成施工安全管控工作 9. 能运用BIM技术完成施工资料管理工作	装饰装修施工BIM应用要点

3.2.5 中级：装配式BIM应用工程师

专业功能	工作内容	技能要求	相关知识要求
一、BIM模型搭建和维护	（一）BIM环境定制	1. 能按照项目要求定制装配式建筑的模型工作环境 2. 能按照项目要求定制装配式建筑的相关建模规则	1. BIM软件分类 2. BIM项目技术标准 3. 装配式建筑BIM技术标准
	（二）LOD 400级装配式建筑模型搭建	1. 能利用BIM软件搭建装配式混凝土、钢结构、现代木结构建筑的主要图元构件，精度达到LOD 400级 2. 能完善装配式建筑构件库，并对有特殊要求的图元或构件进行定制化建模	1. 国家BIM标准要点 2. 行业BIM标准要点 3. 企业BIM标准要点 4. 项目BIM标准要点 5. 装配式建筑BIM技术标准要点
	（三）LOD 400级装配式建筑构件更新维护	1. 能依据实际数据对图元属性进行参数化修改 2. 能依据装配式项目要求和专业意见对模型进行调整 3. 能配合项目其他专业需求及时更新完善模型	1. 参数化定制技巧 2. 装配式建筑知识 3. 项目协作沟通能力

(续)

专业功能	工作内容	技能要求	相关知识要求
二、BIM技术应用实施	（一）设计BIM应用	1. 能在前期策划和方案阶段运用BIM技术搭建参数化模型，推敲、展示、比选装配式建筑设计方案 2. 能在初步设计阶段开展各专业协同设计，分析技术方案的可行性 3. 能在施工图阶段运用BIM技术对各专业进行综合、深化、优化 4. 能在装配式设计阶段以专业、楼层、施工段等条件作为拆分依据，运用BIM技术对装配式构件、部品、部件进行拆分、综合优化 5. 能依据要求运用BIM技术对工程量进行预估，供预算参考 6. 能依据要求运用BIM技术对装配式项目进行设计、出图	装配式建筑的设计BIM应用要点
	（二）生产BIM应用	1. 能运用BIM技术优化装配式建筑的构件生产流程 2. 能运用BIM仿真模拟技术配合完成孔洞预留和构件预埋	装配式建筑构件的生产BIM应用要点

3 工作要求

(续)

专业功能	工作内容	技能要求	相关知识要求
二、BIM技术应用实施	(二) 生产BIM应用	3. 能运用 BIM 技术辅助提高模板深化设计和生产效率 4. 能运用 BIM 技术管理构件生产、验收、运输等关键流程 5. 能运用 BIM 技术提升装配式建筑构件的生产质量	装配式建筑构件的生产 BIM 应用要点
	(三) 现场BIM应用	1. 能运用 BIM 技术提前对装配式建筑的专业间碰撞问题进行检测,并及时纠偏 2. 能运用 BIM 技术模拟施工方案和施工工艺,如预制构件吊装、安装等,为关键节点工序提供可行性分析及专家论证依据 3. 能依据项目要求对项目进度计划进行可视化模拟,完成现场进度检查分析 4. 能运用 BIM 技术辅助工程量分析,对比计划用量与实际用量,分析管理问题和原因 5. 能运用 BIM 技术完成构件安装质量验收管控工作 6. 能运用 BIM 技术完成施工资料管理工作 7. 能运用 BIM 技术完成现场施工安全管理工作	装配式建筑构件的安装 BIM 应用要点

3.2.6 中级：市政BIM应用工程师

专业功能	工作内容	技能要求	相关知识要求
一、BIM模型搭建和维护	（一）BIM环境定制	1. 能按照市政工程具体要求定制模型工作环境 2. 能按照市政工程具体要求定制相关建模规则	1. BIM软件分类 2. 市政工程BIM技术标准
	（二）市政工程LOD 400级模型搭建	1. 能利用BIM软件搭建市政工程的模型，精度达到LOD 400级，具体包括城市轨道交通（轻轨、地铁）、河湖水系工程、地下管线工程、架空杆线工程和街道绿化工程的模型 2. 能完善市政工程构件库，并对有特殊要求的图元或构件进行定制化建模	1. 国家BIM标准要点 2. 行业BIM标准要点 3. 企业BIM标准要点 4. 项目BIM标准要点 5. 市政工程BIM技术标准要点
	（三）市政工程LOD 400级构件更新维护	1. 能依据实际数据对图元属性进行参数化修改 2. 能依据市政专业意见对模型进行调整 3. 能配合项目其他专业需求及时更新完善模型	1. 参数化定制技巧 2. 市政工程的专业知识 3. 项目协作沟通能力

3 工作要求

（续）

专业功能	工作内容	技能要求	相关知识要求
二、BIM技术应用实施	（一）设计BIM应用	1. 能在方案设计阶段运用BIM技术分析研究项目可行性，为编制设计任务书和进行初步设计提供依据 2. 能在初步设计阶段运用BIM技术深化设计方案，确认设计原则和标准 3. 能在施工图阶段运用BIM技术对各专业进行综合、优化 4. 能依据要求运用BIM技术对工程量进行预估，供施工图预算参考	市政工程的设计BIM应用要点
	（二）施工BIM应用	1. 能运用可视化技术完成项目招投标方案展示的工作 2. 能运用BIM技术仿真模拟施工场地布置 3. 能运用BIM软件对专业之间的碰撞问题进行检测，并及时纠偏 4. 能运用BIM软件模拟施工方案和施工工艺，为关键节点工序提供可行性分析及专家论证依据 5. 能依据任务要求对项目进度计划进行可视化模拟，完成现场进度检查分析	市政工程的施工BIM应用要点

(续)

专业功能	工作内容	技能要求	相关知识要求
二、BIM技术应用实施	（二）施工BIM应用	6. 能运用BIM技术完成工程量分析，对比计划用量与实际用量，分析管理问题和原因 7. 能运用BIM技术完成施工质量管控工作 8. 能运用BIM技术完成施工安全管控工作 9. 能运用BIM技术完成施工资料管理工作	市政工程的施工BIM应用要点

3.2.7 中级：路桥BIM应用工程师

专业功能	工作内容	技能要求	相关知识要求
一、BIM模型搭建和维护	（一）BIM环境定制	1. 能按照路桥工程具体要求定制模型工作环境 2. 能按照路桥工程具体要求定制相关建模规则	1. BIM软件分类 2. 路桥工程BIM技术标准
	（二）路桥工程LOD 400级模型搭建	1. 能利用BIM软件搭建路桥工程的模型，精度达到LOD 400级，具体包括道路、桥梁、隧道、铁路（不含城市轨道交通）工程项目的模型 2. 能完善路桥工程构件库，并对有特殊要求的图元或构件进行定制化建模	1. 国家BIM标准要点 2. 行业BIM标准要点 3. 企业BIM标准要点 4. 项目BIM标准要点 5. 路桥工程BIM技术标准要点

3 工作要求

(续)

专业功能	工作内容	技能要求	相关知识要求
一、BIM模型搭建和维护	(三)路桥工程LOD 400级构件更新维护	1. 能依据实际数据对图元属性进行参数化修改 2. 能依据路桥专业意见对模型进行调整 3. 能配合项目其他专业需求及时更新完善模型	1. 参数化定制技巧 2. 路桥工程的专业知识 3. 项目协作沟通能力
二、BIM技术应用实施	(一)设计BIM应用	1. 能在方案设计阶段运用BIM技术分析研究工程可行性,为编制设计任务书和进行初步设计提供依据 2. 能在初步设计阶段运用BIM技术深化设计方案,确认设计原则和标准 3. 能在施工图阶段运用BIM技术对各专业进行综合、优化 4. 能依据要求运用BIM技术对工程量进行预估,供施工图预算参考	路桥工程的设计BIM应用要点
	(二)施工BIM应用	1. 能运用可视化技术完成项目招投标方案展示工作 2. 能运用BIM技术仿真模拟施工场地布置	路桥工程的施工BIM应用要点

(续)

专业功能	工作内容	技能要求	相关知识要求
二、BIM技术应用实施	（二）施工BIM应用	3. 能运用BIM软件模拟施工方案和施工工艺，为关键节点工序提供可行性分析及专家论证依据 4. 能依据项目要求对项目进度计划进行可视化模拟，完成现场进度检查分析 5. 能运用BIM技术完成工程量分析，对比计划用量与实际用量，分析管理问题和原因 6. 能运用BIM技术完成施工质量管控工作 7. 能运用BIM技术完成施工安全管控工作 8. 能运用BIM技术完成施工资料管理工作	路桥工程的施工BIM应用要点

3.2.8 中级：水利BIM应用工程师

专业功能	工作内容	技能要求	相关知识要求
一、BIM模型搭建和维护	（一）BIM环境定制	1. 能按照水利工程具体要求定制模型工作环境 2. 能按照水利工程具体要求定制相关建模规则	1. BIM软件分类 2. 水利工程BIM技术标准

(续)

专业功能	工作内容	技能要求	相关知识要求
一、BIM模型搭建和维护	(二) 水利工程LOD 400级模型搭建	1. 能利用BIM软件搭建水利工程的模型,精度达到LOD 400级,具体包含防洪工程、农田水利工程、航道和港口工程、供水和排水工程、环境水利工程、海涂围垦工程的模型 2. 能完善水利工程构件库,并对有特殊要求的图元或构件进行定制化建模	1. 国家BIM标准要点 2. 行业BIM标准要点 3. 企业BIM标准要点 4. 项目BIM标准要点 5. 水利工程BIM技术标准要点
	(三) 水利工程LOD 400级构件更新维护	1. 能依据实际数据对图元属性进行参数化修改 2. 能依据水利专业意见对模型进行调整 3. 能配合项目其他专业需求及时更新完善模型	1. 参数化定制技巧 2. 水利工程的专业知识 3. 项目协作沟通能力
二、BIM技术应用实施	(一) 设计BIM应用	1. 能在方案设计阶段运用BIM技术分析研究工程可行性和取得可靠数据,为技术方案提供理论依据 2. 能在初步设计阶段运用BIM技术深化设计方案,确认总体布局和技术要求 3. 能在施工图设计阶段运用BIM技术研究细部构造设计和施工工法 4. 能依据要求运用BIM技术对工程量进行预估供预算参考	水利工程项目的设计BIM应用要点

27

(续)

专业功能	工作内容	技能要求	相关知识要求
二、BIM技术应用实施	（二）施工BIM应用	1. 能运用可视化技术完成项目招投标方案展示的工作 2. 能运用BIM技术仿真模拟施工场地布置 3. 能运用BIM技术对专业之间的碰撞问题进行检测，并及时纠偏 4. 能运用BIM软件模拟施工方案和施工工艺，为关键节点和工序提供可行性分析及专家论证依据 5. 能依据项目要求对项目进度计划进行可视化模拟，完成现场进度检查分析 6. 能运用BIM技术完成工程量分析，对比计划用量与实际用量，分析管理问题和原因 7. 能运用BIM技术完成施工质量管控工作 8. 能运用BIM技术完成施工安全管控工作 9. 能运用BIM技术完成施工资料管理工作	水利工程的施工BIM应用要点

3.2.9 中级：电力BIM应用工程师

专业功能	工作内容	技能要求	相关知识要求
一、BIM模型搭建和维护	（一）BIM环境定制	1. 能按照电力工程具体要求定制模型工作环境 2. 能按照电力工程具体要求定制相关建模规则	1. BIM软件分类 2. 电力工程BIM技术标准
	（二）电力工程LOD 400级模型搭建	1. 能利用BIM软件搭建电力工程的模型，精度达到LOD 400级，具体包含火电厂（含燃煤、燃气、燃油）、风力电站、水电站、太阳能电站、核电站及辅助生产设备设施、输配电及用电工程、变电站整体工程模型 2. 能完善电力工程构件库，并对有特殊要求的图元或构件进行定制化建模	1. 国家BIM标准要点 2. 行业BIM标准要点 3. 企业BIM标准要点 4. 项目BIM标准要点 5. 电力工程BIM技术标准要点
	（三）电力工程LOD 400级构件更新维护	1. 能依据实际数据对图元属性进行参数化修改 2. 能依据电力专业意见对模型进行调整 3. 能配合项目其他专业需求及时更新完善模型	1. 参数化定制技巧 2. 电力工程的专业知识 3. 项目协作沟通能力
二、BIM技术应用实施	（一）设计BIM应用	1. 能在方案设计阶段运用BIM技术分析研究工程可行性和取得可靠数据，为技术方案提供理论依据	电力工程的设计BIM应用要点

(续)

专业功能	工作内容	技能要求	相关知识要求
二、BIM技术应用实施	（一）设计BIM应用	2. 能在初步设计阶段运用BIM技术深化设计方案，确认总体布局和技术要求 3. 能在施工图设计阶段运用BIM技术研究细部构造设计和施工工法 4. 能依据要求运用BIM技术对工程量进行预估，供预算参考	电力工程的设计BIM应用要点
	（二）施工BIM应用	1. 能运用可视化技术完成项目招投标方案展示的工作 2. 能运用BIM技术仿真模拟施工场地布置 3. 能运用BIM技术对专业之间的碰撞问题进行检测，并及时纠偏 4. 能运用BIM软件模拟施工方案和施工工艺，为关键节点和工序提供可行性分析及专家论证依据 5. 能依据项目要求对项目进度计划进行可视化模拟，完成现场进度检查分析 6. 能运用BIM技术完成工程量分析，对比计划用量与实际用量，分析管理问题和原因	电力工程项目的施工BIM应用要点

(续)

专业功能	工作内容	技能要求	相关知识要求
二、BIM技术应用实施	（二）施工BIM应用	7. 能运用BIM技术完成施工质量管控工作 8. 能运用BIM技术完成施工安全管控工作 9. 能运用BIM技术完成施工资料管理工作	电力工程项目的施工BIM应用要点

3.2.10 中级：景观BIM应用工程师

专业功能	工作内容	技能要求	相关知识要求
一、BIM模型搭建和维护	（一）BIM环境定制	1. 能按照景观工程具体要求定制模型工作环境 2. 能按照景观工程具体要求定制相关建模规则	1. BIM软件分类 2. 景观工程BIM技术标准
	（二）景观工程LOD 400级模型搭建	1. 能利用BIM软件搭建景观工程的模型，精度达到LOD 400级，具体包含地形与土方工程、石景工程、道路铺装工程、水景工程、给排水工程、栽植工程、景观供电工程的模型 2. 能完善景观工程构件库，并对有特殊要求的图元或构件进行定制化建模	1. 国家BIM标准要点 2. 行业BIM标准要点 3. 企业BIM标准要点 4. 项目BIM标准要点 5. 景观工程BIM技术标准要点

（续）

专业功能	工作内容	技能要求	相关知识要求
一、BIM模型搭建和维护	（三）景观工程LOD 400级构件更新维护	1. 能依据实际数据对图元属性进行参数化修改 2. 能依据景观专业意见对模型进行调整 3. 能配合项目其他专业需求及时更新完善模型	1. 参数化定制技巧 2. 景观工程的专业知识 3. 项目协作沟通能力
二、BIM技术应用实施	（一）设计BIM应用	1. 能在方案设计阶段运用BIM技术分析研究工程可行性和取得可靠数据，为技术方案提供理论依据 2. 能在初步设计阶段运用BIM技术深化设计方案，确认总体布局和技术要求 3. 能在施工图设计阶段运用BIM技术研究细部构造设计和施工工法 4. 能依据要求运用BIM技术对工程量进行预估，供预算参考	景观工程的设计BIM应用要点
	（二）施工BIM应用	1. 能运用可视化技术完成项目招投标方案展示工作 2. 能运用BIM技术仿真模拟施工场地布置 3. 能运用BIM技术对专业之间的碰撞问题进行检测，并及时纠偏	景观项目的施工BIM应用要点

(续)

专业功能	工作内容	技能要求	相关知识要求
二、BIM技术应用实施	（二）施工BIM应用	4. 能运用BIM软件模拟施工方案和施工工艺，为关键节点和工序提供可行性分析及专家论证依据 5. 能依据项目要求对项目进度计划进行可视化模拟，完成现场进度检查分析 6. 能运用BIM技术完成工程量分析，对比计划用量与实际用量，分析管理问题和原因 7. 能运用BIM技术完成施工质量管控工作 8. 能运用BIM技术完成施工安全管控工作 9. 能运用BIM技术完成施工资料管理工作	景观项目的施工BIM应用要点

3.2.11 中级：造价BIM应用工程师

专业功能	工作内容	技能要求	相关知识要求
一、BIM模型数据获取	（一）BIM环境定制	1. 能按照造价BIM应用具体要求定制模型工作环境 2. 能按照造价BIM应用具体要求定制相关建模规则	1. BIM软件分类 2. 项目BIM技术标准

(续)

专业功能	工作内容	技能要求	相关知识要求
一、BIM模型数据获取	(二) BIM模型维护	1. 能按照造价BIM应用具体要求维护模型数据 2. 能按照造价专业具体要求自定义扣减规则	1. 国家BIM标准要点 2. 行业BIM标准要点 3. 企业BIM标准要点 4. 项目BIM标准要点
二、BIM技术应用实施	(一) 工程决策阶段BIM应用	1. 能依据项目需求运用BIM虚拟建造技术建立初步BIM模型,模拟不同项目方案预期效果 2. 能依据项目需求调用同区域相似工程的造价数据,与初步BIM模型挂接,分析人、材、机投入 3. 能依据项目需求计算输出类似工程项目的单价,支持高效完成规划项目总造价的准确估算	决策阶段造价BIM技术应用要点
	(二) 工程设计阶段BIM应用	1. 能运用BIM技术辅助设计概算,实时模拟和计算项目造价,为项目参与方开展协同提供依据 2. 能运用造价BIM技术从全生命周期角度对建设项目的各个设计方案进行分析、评估、比选 3. 能依据任务需求运用BIM大数据评估不同区域、不同项目类型的经济指标	设计阶段造价BIM技术应用要点

3 工作要求

(续)

专业功能	工作内容	技能要求	相关知识要求
二、BIM技术应用实施	(三) 工程招投标阶段BIM应用	1. 能运用BIM计价软件高效、准确计算具有详细数据信息的BIM模型的工程量 2. 能运用BIM技术为项目招标及沟通协调提供基础数据依据	招投标阶段造价BIM技术应用要点
	(四) 工程施工阶段BIM应用	1. 能运用BIM技术依据项目涉及时间、实际进度和造价进行模拟,以配合进度进行计量和工程付款 2. 能在与项目参与方沟通图纸时运用BIM技术进行三维碰撞检测,减少变更	施工阶段造价BIM技术应用要点
	(五) 工程竣工结算阶段BIM应用	1. 能对施工单位送审的竣工结算BIM模型进行检查、核对 2. 能在审计过程中对不同格式的BIM算量模型进行数据交互 3. 能对施工方竣工结算资料进行审查,检查是否存在漏送、设计不合理以及费用计算不完整等情况 4. 能运用BIM技术提高造价管理水平和效率	竣工结算阶段造价BIM技术应用要点

3.2.12 中级：运维 BIM 应用工程师

专业功能	工作内容	技能要求	相关知识要求
一、BIM需求定位	（一）项目需求调研	1. 能对项目当前的运营管理现状进行分析和总结 2. 能从长远角度评估BIM运维的预期价值 3. 能依据项目功能模块的业务流程需要梳理开发具体任务	1. 传统工作流程特点 2. 设施管理知识 3. 运维BIM实施目标
	（二）BIM技术介入分析	1. 能阐述BIM运维在设计、施工、竣工等不同阶段介入的价值 2. 能阐述BIM运维在资产、空间、管理等不同模块介入的价值 3. 能阐述BIM技术在项目中不同应用深度的运维价值	BIM运维技术在不同介入情况下的应用价值
	（三）确定运维开发关键因素	1. 能依据任务要求选用运维平台软件、制定硬件技术指标和BIM技术执行标准 2. 能依据任务要求制订合理的开发测试节点计划 3. 能依据任务要求制订合理的成本投入计划 4. 能依据运维的需求制订具体工作流程权限等级规则 5. 能依据任务要求对运维管理系统使用操作进行个性化设计	运维平台开发的关键性影响因素

(续)

专业功能	工作内容	技能要求	相关知识要求
二、BIM技术应用实施	（一）多维展示	1. 能使用三维全景演示功能直观演示动态数据 2. 能使用隐蔽工程查看功能确认设备最佳检修路线，指导维护保养 3. 能使用周边环境展示功能为周边新建建筑在规划设计阶段提供参考	运维平台展示操作要点
	（二）运维管理	1. 能使用运维平台的设备设施管理功能查询、更新、记录保养维修等数据 2. 能使用运维平台的空间管理功能快速提供合理、直观的空间管理方案 3. 能使用运维平台的资产管理功能查看、分析、处理、记录资产台账，并直接关联BIM模型 4. 能使用运维平台的资料管理功能预览、更新、记录与资料管理相关的档案数据及用户日志 5. 能使用运维平台的安全管理功能进行应急事件预案演示及消防设备维护提醒 6. 能使用运维平台的环境管理功能进行清洁、消毒、绿化公示说明 7. 能使用运维平台的服务中心功能面向用户实现信息查询、公示、上报等服务	运维平台管理操作要点

（续）

专业功能	工作内容	技能要求	相关知识要求
二、BIM技术应用实施	（三）系统集成	1. 能依据任务需要完成财务系统的接入与使用 2. 能依据任务需要完成办公系统的接入与使用 3. 能依据任务需要完成门禁系统的接入与使用 4. 能依据任务需要完成建筑设备自控系统的接入与使用 5. 能依据任务需要完成消防系统的接入与使用 6. 能依据任务需要完成安防系统的接入与使用 7. 能依据任务需要完成可移动设备端口的接入与使用 8. 能依据任务需要完成其他智能化系统的后期接入与使用	运维平台可预留扩展功能要点
	（四）决策辅助	1. 能依据与运维数据实时关联的 BIM 模型数据信息分析资产状况，为投资决策和管理提供数据参考 2. 能使用应急管理功能完成环境风险发生时人员和资源的协同指挥调度工作 3. 能利用运维 BIM 数据的优势，为其他相关管理工作提供基础数据支撑	运维平台大数据的使用价值

3.3 高级

3.3.1 高级：BIM项目经理

专业功能	工作内容	技能要求	相关知识要求
一、项目BIM需求分析	（一）项目调研	1. 能分析不同类型项目的BIM技术实施应用效果，把握不同项目类型的BIM技术应用与管理的关键环节 2. 能对项目实施难点开展必要的调研分析，确认BIM技术应用重点 3. 能分析项目争优创优关键指标，重点把握项目BIM技术应用综合效益 4. 能依据团队工作模式和项目需求实际选择合理的BIM解决方案，并根据个性化要求提出二次开发计划	1. BIM技术实施难点和重点 2. 项目BIM技术应用的普遍性需求 3. 二次开发要点
	（二）项目BIM应用分析	1. 能分析BIM技术应用与项目管理的案例，以选择合理的BIM技术实施方式 2. 能客观分析BIM技术应用于项目管理的产出比，为项目各专业、各阶段、各流程更好地应用BIM技术提供参照	1. BIM技术介入项目的方式 2. BIM技术应用的成本投入

（续）

专业功能	工作内容	技能要求	相关知识要求
二、项目BIM策划编制	（一）项目BIM技术标准制定	1. 主编项目各专业BIM技术标准，并落实执行 2. 主持项目BIM成果交付标准的制定 3. 主持项目BIM图元构件库标准的制定 4. 决策合理的工作模式及与之匹配的BIM软硬件、网络环境 5. 决策BIM数据的交换格式和方式	1. 项目BIM技术标准知识 2. 项目BIM工作环境要点
	（二）项目BIM人才培养与团队管理	1. 制定团队人才培养与选拔方案 2. 依据项目需求制定岗位职责要求，并落实执行 3. 结合项目实际情况与BIM技术优势，制定合理的专业协调工作流程	1. BIM人才定制化培养要求 2. 专业间协调沟通的工作流程
三、项目BIM管理实施	（一）设计项目BIM应用实施	1. 能在规划设计阶段考虑新建筑与周边环境的合理搭配 2. 能在方案阶段利用BIM技术参数化功能搭建项目模型，以便调整、优化 3. 能在方案扩初阶段大量运用BIM可视化技术提升项目沟通效率 4. 能在施工图阶段运用BIM技术对各专业进行综合、	BIM技术在项目设计阶段的管控应用

3 工作要求

（续）

专业功能	工作内容	技能要求	相关知识要求
三、项目BIM管理实施	（一）设计项目BIM应用实施	深化、优化，以提升设计质量 5. 能依据要求，运用BIM技术对工程量进行预估，为项目成本核算提供参考 6. 能依据设计团队工作模式和客户实际需求，选择合理的开发平台，并根据个性化要求，主持完成二次开发	BIM技术在项目设计阶段的管控应用
	（二）施工项目BIM应用实施	1. 能在项目招投标工作中应用BIM技术 2. 能在施工场地平面布置中运用BIM技术辅助仿真模拟 3. 能在不同专业之间的碰撞检测、沟通协调中运用BIM技术 4. 能应用BIM技术模拟施工方案和施工工艺方面的关键节点、工序 5. 能依据项目要求，对项目进度计划进行可视化模拟，完成现场进度检查分析 6. 能在工程材料管理过程中分析对比计划用量与实际用量，查找管理问题和原因 7. 能运用BIM技术加强施工质量管控工作	BIM技术在项目施工阶段的管控应用

(续)

专业功能	工作内容	技能要求	相关知识要求
三、项目BIM管理实施	（二）施工项目BIM应用实施	8. 能运用BIM技术加强施工安全管控工作 9. 能运用BIM技术加强施工资料管理工作 10. 能依据施工项目管理实施团队工作模式和工程实际的需求选择合理的开发平台，并根据个性化要求主持完成二次开发	BIM技术在项目施工阶段的管控应用

3.3.2 高级：BIM总监

专业功能	工作内容	技能要求	相关知识要求
一、企业BIM实施调研	（一）企业BIM发展需求调研分析	1. 能客观分析不同区域、不同工程类型的BIM技术应用普遍水平和最前沿水平 2. 能实据分析企业核心业务发展潜力与BIM技术的关系 3. 能从企业核心竞争力角度分析实施企业BIM战略的技术和管理定位的必要性 4. 依据实际需要制定企业BIM工作和管理平台开发计划	1. 区域BIM技术发展现状 2. BIM技术对企业信息化管理的作用 3. 企业BIM技术二次开发要点

3 工作要求

(续)

专业功能	工作内容	技能要求	相关知识要求
一、企业BIM实施调研	(二)企业BIM发展规划制定	1. 能制定企业BIM技术发展重点 2. 制定企业BIM应用目标 3. 主持企业BIM工作分工和团队架构设计 4. 制定软、硬件设施环境及人才投入计划	1. 企业BIM目标的制定和实施相关知识 2. 企业BIM环境配置要求
	(三)企业BIM标准制定	1. 能执行国家、行业BIM相关标准 2. 能依据需要制定企业BIM技术应用与发展指南 3. 能按照工作模式制定多专业BIM协同作业流程标准 4. 主持企业BIM图元构件库标准制定和构件库建设	企业BIM技术标准指导作用
二、企业BIM实施	(一)不同规模的BIM技术实施	1. 能依据需求开展点式级别BIM技术运用的规划与实施 2. 能依据需求开展专业级别BIM技术运用的规划与实施 3. 能依据需求开展项目级别BIM技术运用的规划与实施	BIM技术在具体项目应用实施的形式

（续）

专业功能	工作内容	技能要求	相关知识要求
二、企业BIM实施	（一）不同规模的BIM技术实施	4. 能依据需求开展全过程级别BIM技术运用的规划与实施 5. 能依据不同规模、不同程度的BIM技术应用要求选择合理的开发平台，并根据定制化要求主持完成二次开发	BIM技术在具体项目应用实施的形式
	（二）不同阶段的BIM技术实施	1. 能在设计阶段运用BIM技术实现方案比选和专业协调等设计功能 2. 能在施工阶段运用BIM技术实现虚拟建造和项目管理等施工功能 3. 能在运维阶段运用BIM技术实现空间管理和资产维护等运维功能 4. 能在项目全生命周期过程中运用BIM技术实现设计、施工、运营等环节的综合功能 5. 能依据不同阶段、不同参与方的BIM技术应用要求选择合理的开发平台，并根据定制化要求主持完成二次开发	BIM技术在不同阶段应用实施的主要价值

(续)

专业功能	工作内容	技能要求	相关知识要求
二、企业BIM实施	(三) 不同企业主导的BIM技术实施	1. 能依据业主企业主导的BIM技术特点保障业主利益 2. 能依据设计企业主导的BIM技术特点优化项目策略,完善设计成果 3. 能依据施工企业主导的BIM技术特点挖掘其应用价值 4. 能依据第三方工程咨询企业主导的BIM技术特点做好服务业主、协调各方等工作 5. 能依据不同BIM主导角色对BIM应用价值深度挖掘,选择合理的开发平台,并根据定制化要求主持完成二次开发	不同主导角色主导的BIM技术的特点

4 比重表

4.1 理论知识

4.1.1 初级：BIM建模工程师

项　　目		比重（%）
基本要求	一、专业道德	10
	二、基础知识	15
相关知识	一、BIM环境选择和执行	10
	二、建筑专业（房建）LOD 200级模型搭建	30
	三、建筑专业（房建）LOD 200级构件更新维护	20
	四、BIM技术基础应用	15
合计		100

4.1.2 中级：建筑BIM应用工程师

项　　目		比重（%）
基本要求	一、专业道德	10
	二、基础知识	10
相关知识	一、BIM环境定制	10
	二、建筑专业（房建）LOD 400级模型搭建	25
	三、建筑专业（房建）LOD 400级构件更新维护	15
	四、设计BIM应用	15
	五、施工BIM应用	15
合计		100

4.1.3 中级：结构BIM应用工程师

	项 目	比重（%）
基本要求	一、专业道德	10
	二、基础知识	10
相关知识	一、BIM环境定制	10
	二、结构专业（房建）LOD 400级模型搭建	25
	三、结构专业（房建）LOD 400级构件更新维护	15
	四、设计BIM应用	15
	五、施工BIM应用	15
	合计	100

4.1.4 中级：机电BIM应用工程师

	项 目	比重（%）
基本要求	一、专业道德	10
	二、基础知识	10
相关知识	一、BIM环境定制	10
	二、机电专业（房建）LOD 400级模型搭建	25
	三、机电专业（房建）LOD 400级构件更新维护	15
	四、设计BIM应用	15
	五、施工BIM应用	15
	合计	100

4.1.5 中级:装饰 BIM 应用工程师

	项　目	比重(%)
基本要求	一、专业道德	10
	二、基础知识	10
相关知识	一、BIM 环境定制	10
	二、装饰工程 LOD 400 级模型搭建	25
	三、装饰工程 LOD 400 级构件更新维护	15
	四、设计 BIM 应用	15
	五、施工 BIM 应用	15
	合计	100

4.1.6 中级:装配式 BIM 应用工程师

	项　目	比重(%)
基本要求	一、专业道德	5
	二、基础知识	5
相关知识	一、BIM 环境定制	5
	二、LOD 400 级装配式建筑模型搭建	20
	三、LOD 400 级装配式建筑构件更新维护	20
	四、设计 BIM 应用	15
	五、生产 BIM 应用	15
	六、现场 BIM 应用	15
	合计	100

4.1.7 中级：市政 BIM 应用工程师

	项 目	比重（%）
基本要求	一、专业道德	10
	二、基础知识	10
相关知识	一、BIM 环境定制	10
	二、市政工程 LOD 400 级模型搭建	25
	三、市政工程 LOD 400 级构件更新维护	15
	四、设计 BIM 应用	15
	五、施工 BIM 应用	15
	合计	100

4.1.8 中级：路桥 BIM 应用工程师

	项 目	比重（%）
基本要求	一、专业道德	10
	二、基础知识	10
相关知识	一、BIM 环境定制	10
	二、路桥工程 LOD 400 级模型搭建	25
	三、路桥工程 LOD 400 级构件更新维护	15
	四、设计 BIM 应用	15
	五、施工 BIM 应用	15
	合计	100

4.1.9 中级：水利BIM应用工程师

项 目		比重（%）
基本要求	一、专业道德	10
	二、基础知识	10
相关知识	一、BIM环境定制	10
	二、水利工程LOD 400级模型搭建	25
	三、水利工程LOD 400级构件更新维护	15
	四、设计BIM应用	15
	五、施工BIM应用	15
合计		100

4.1.10 中级：电力BIM应用工程师

项 目		比重（%）
基本要求	一、专业道德	10
	二、基础知识	10
相关知识	一、BIM环境定制	10
	二、电力工程LOD 400级模型搭建	25
	三、电力工程LOD 400级构件更新维护	15
	四、设计BIM应用	15
	五、施工BIM应用	15
合计		100

4.1.11 中级：景观 BIM 应用工程师

	项　目	比重（%）
基本要求	一、专业道德	10
	二、基础知识	10
相关知识	一、BIM 环境定制	10
	二、景观工程 LOD 400 级模型搭建	25
	三、景观工程 LOD 400 级构件更新维护	15
	四、设计 BIM 应用	15
	五、施工 BIM 应用	15
	合计	100

4.1.12 中级：造价 BIM 应用工程师

	项　目	比重（%）
基本要求	一、专业道德	5
	二、基础知识	5
相关知识	一、BIM 环境定制	10
	二、BIM 模型维护	10
	三、工程决策阶段 BIM 造价应用	10
	四、工程设计阶段 BIM 造价应用	15
	五、工程招投标阶段 BIM 造价应用	15
	六、工程施工阶段 BIM 造价应用	15
	七、工程竣工结算阶段 BIM 造价应用	15
	合计	100

4.1.13 中级：运维 BIM 应用工程师

项 目		比重（%）
基本要求	一、专业道德	10
	二、基础知识	10
相关知识	一、多维展示	20
	二、运维管理	20
	三、系统集成	20
	四、决策辅助	20
合计		100

4.1.14 高级：BIM 项目经理

项 目		比重（%）
基本要求	一、专业道德	5
	二、基础知识	5
相关知识	一、项目调研	10
	二、项目 BIM 应用分析	20
	三、项目 BIM 技术标准制定	20
	四、项目 BIM 人才培养与团队管理	10
	五、设计项目 BIM 应用实施	15
	六、施工项目 BIM 应用实施	15
合计		100

4.1.15 高级：BIM总监

	项　目	比重（%）
基本要求	一、专业道德	5
	二、基础知识	5
相关知识	一、企业BIM发展需求调研分析	10
	二、企业BIM发展规划制定	10
	三、企业BIM标准制定	10
	四、不同规模的BIM技术实施	20
	五、不同阶段的BIM技术实施	20
	六、不同企业主导的BIM技术实施	20
	合计	100

4.2 专业技术技能操作

4.2.1 初级：BIM建模工程师

	项　目	比重（%）
专业要求	一、BIM环境选择和执行	15
	二、建筑专业（房建）LOD 200级模型搭建	30
	三、建筑专业（房建）LOD 200级构件更新维护	25
	四、BIM技术基础应用	30
	合计	100

4.2.2 中级:建筑 BIM 应用工程师

	项 目	比重(%)
专业要求	一、BIM 环境定制	15
	二、建筑专业(房建)LOD 400 级模型搭建	30
	三、建筑专业(房建)LOD 400 级构件更新维护	15
	四、设计 BIM 应用	20
	五、施工 BIM 应用	20
	合计	100

4.2.3 中级:结构 BIM 应用工程师

	项 目	比重(%)
专业要求	一、BIM 环境定制	15
	二、结构专业(房建)LOD 400 级模型搭建	30
	三、结构专业(房建)LOD 400 级构件更新维护	15
	四、设计 BIM 应用	20
	五、施工 BIM 应用	20
	合计	100

4.2.4 中级:机电 BIM 应用工程师

	项 目	比重(%)
专业要求	一、BIM 环境定制	15
	二、机电专业(房建)LOD 400 级模型搭建	30
	三、机电专业(房建)LOD 400 级构件更新维护	15
	四、设计 BIM 应用	20
	五、施工 BIM 应用	20
	合计	100

4.2.5 中级：装饰BIM应用工程师

	项　目	比重（%）
专业要求	一、BIM 环境定制	15
	二、装饰工程 LOD 400 级模型搭建	30
	三、装饰工程 LOD 400 级构件更新维护	15
	四、设计 BIM 应用	20
	五、施工 BIM 应用	20
	合计	100

4.2.6 中级：装配式BIM应用工程师

	项　目	比重（%）
专业要求	一、BIM 环境定制	15
	二、LOD 400 级装配式建筑模型搭建	20
	三、LOD 400 级装配式建筑构件更新维护	10
	四、设计 BIM 应用	20
	五、生产 BIM 应用	20
	六、现场 BIM 应用	15
	合计	100

4.2.7 中级：市政BIM应用工程师

	项　目	比重（%）
专业要求	一、BIM 环境定制	15
	二、市政工程 LOD 400 级模型搭建	30
	三、市政工程 LOD 400 级构件更新维护	15
	四、设计 BIM 应用	20
	五、施工 BIM 应用	20
	合计	100

4.2.8 中级：路桥BIM应用工程师

	项　目	比重（%）
专业要求	一、BIM环境定制	15
	二、路桥工程LOD 400级模型搭建	30
	三、路桥工程LOD 400级构件更新维护	15
	四、设计BIM应用	20
	五、施工BIM应用	20
	合计	100

4.2.9 中级：水利BIM应用工程师

	项　目	比重（%）
专业要求	一、BIM环境定制	15
	二、水利工程LOD 400级模型搭建	30
	三、水利工程LOD 400级构件更新维护	15
	四、设计BIM应用	20
	五、施工BIM应用	20
	合计	100

4.2.10 中级：电力BIM应用工程师

	项　目	比重（%）
专业要求	一、BIM环境定制	15
	二、电力工程LOD 400级模型搭建	30
	三、电力工程LOD 400级构件更新维护	15
	四、设计BIM应用	20
	五、施工BIM应用	20
	合计	100

4.2.11 中级：景观 BIM 应用工程师

	项　目	比重（%）
专业要求	一、BIM 环境定制	15
	二、景观工程 LOD 400 级模型搭建	30
	三、景观工程 LOD 400 级构件更新维护	15
	四、设计 BIM 应用	20
	五、施工 BIM 应用	20
	合计	100

4.2.12 中级：造价 BIM 应用工程师

	项　目	比重（%）
专业要求	一、BIM 环境定制	10
	二、BIM 模型维护	10
	三、工程决策阶段 BIM 造价应用	15
	四、工程设计阶段 BIM 造价应用	15
	五、工程招投标阶段 BIM 造价应用	15
	六、工程施工阶段 BIM 造价应用	15
	七、工程竣工结算阶段 BIM 造价应用	20
	合计	100

4.2.13 中级：运维 BIM 应用工程师

	项　目	比重（%）
专业要求	一、多维展示	15
	二、运维管理	30
	三、系统集成	25
	四、决策辅助	30
	合计	100